# 陕北果区
# 果园绿肥种植技术

段志龙　周　军　王晨光　主编

中国农业科学技术出版社

**图书在版编目（CIP）数据**

陕北果区果园绿肥种植技术 / 段志龙，周军，王晨光主编 .—北京：中国农业科学技术出版社，2019. 6

ISBN 978-7-5116-4142-7

Ⅰ. ①陕… Ⅱ. ①段…②周…③王… Ⅲ. ①果园-绿肥作物-研究-陕北地区 Ⅳ. ①S660. 6

中国版本图书馆 CIP 数据核字（2019）第 072146 号

**责任编辑** 崔改泵
**责任校对** 马广洋

**出 版 者** 中国农业科学技术出版社
北京市中关村南大街 12 号 邮编：100081
**电 话** (010)82109194(编辑室) (010)82109702(发行部)
(010)82109709(读者服务部)
**传 真** (010)82106650
**网 址** http://www.castp.cn
**经 销 者** 各地新华书店
**印 刷 者** 廊坊佰利得印刷有限公司
**开 本** 850 mm×1 168 mm 1/32
**印 张** 2. 5
**字 数** 50 千字
**版 次** 2019 年 6 月第 1 版 2019 年 6 月第 1 次印刷
**定 价** 18. 00 元

# 《陕北果区果园绿肥种植技术》

## 编 委 会


主 编 段志龙 周军 王晨光

编 者 张乃旭 刘欢 张水萍

审 稿 段志龙 周军 王晨光

# 前　言

中国是绿肥栽培利用历史最久、栽培面积最大、分布区域最广的国家。但改革开放以来，因为化肥的广泛使用，使绿肥种植面积急速下降。陕北果区在这一时期因为优越的地理区位、优秀的管理技术和合理的使用化肥，使得陕西苹果闻名全国。但是由于掠夺式生产加之过量使用化肥导致果园土壤退化、有机质含量下降，从而使苹果品质出现下滑趋势，苹果产业面临严重危机。

为尽快解决这一问题，延安市农业科学研究所依托国家绿肥产业技术体系经过长期生产实践和科学试验，在果园绿肥栽培和利用诸方面积累了大量的资料和丰富经验。本书从2017年开始酝酿到2019年春定稿，主要内容包括陕西省绿肥概况、绿肥栽培的必要性、绿肥的分类及品种介绍、绿肥合理施用、果园绿肥与土壤管理、果园绿肥品种选择与栽培模式、陕北果区绿肥种植主推模式等。本书编写的目的就是全面系统的收集、整理绿肥和果园绿肥种植生产经验及科学试验成果，并加以概括、总结、提高，以促进陕北现代苹果产业发展。

本书的主要特点是理论与生产实践相结合。选取的素材多源于试验研究成果和生产实践总结，因此，本书具有鲜明的科学性、系统性和实践性，对今后果园绿肥的生产实践具有一定的指导性。

本书是在国家绿肥产业技术体系的支撑和延安市农业科学研究所领导的关怀支持下完成的。本书在编写过程中，得到了国家绿肥产业技术体系首席曹卫东研究员的鼓励与支持。在本书出版之际，谨向参考文献的作者以及审核、校对的各位同事深表谢意。由于编者水平有限，书中错误和不完善之处亦在所难免，期望读者批评指正。

编　者

2019 年 3 月

# 目　　录

# 第一章　绪　论

绿肥是一种可以翻压入土，腐解后为农作物提供丰富养分的植物体，较其他肥源养分更为完全，开展绿肥生产是增辟肥源的有效方法，对改良土壤有很大作用。一些作物秸秆也可以直接或间接翻压到土壤中作肥料或者是通过它们与主作物的间套轮作，可起到促进主作物生长、改善土壤性状等作用。

关于绿肥的农谚有很多，如“绿肥是个宝，增肥又改土”。种植绿肥最初的过程就是将它作为一种作物种植在土壤中，目的是改良土壤。绿肥可以增加土壤中的氮和磷的有效性，为下一季作物和当季作物提供营养物质，同时对改善土壤的物理性质和化学性质有明显作用。与其他植物体一样，绿肥植株中也含有大量的水分，翻压绿肥可改善土壤墒情促进下季作物种子发芽。绿肥每年可固定相当可观的温室气体，为减排做出巨大贡献。绿肥种植一直是我国农业的重要组成部分，对扩大农业生态系统的氮素循环，保证作物的稳产、高产、健康，促进农牧畜业发展都起着积极的作用。

绿肥的种类很多，种植利用的方式差异也比较大，所以生产上常用不同的名称来加以区分。按其来源可以分为栽培绿肥和野生绿肥；按植物学科别可分为豆科绿肥和非豆科绿肥；按种植生长季节可分为冬季绿肥、夏季绿肥、春季绿肥、秋季绿肥及多年生绿肥；按栽培方式可分为单种绿肥、混种绿肥、间种绿肥及套种绿肥；按利用方式可分为肥料绿肥和饲料绿肥。

我国是利用绿肥最早并且栽培面积最广的国家，绿肥在中国的使用已有数千年的历史。早在春秋战国时代，就有记载中提到割草能作为肥料，这个时候应该是利用野生绿肥的技术萌芽阶段，并且为以后的栽培绿肥奠定了基础。我国现存的最早栽培利用绿肥记载，出现在公元 3 世纪西晋郭义恭的《广志》一书中，可见在公元 3 世纪以前，我国就已经进入了栽培绿肥作物的阶段。栽培绿肥这一个措施的出现，掀开了肥料史上新的一页，对维持和提高我国的土壤肥力起到了巨大的作用。到了魏、晋、南北朝时期，绿肥在农业生产中的地位有很大的提高，被人们广泛地栽培和利用。在当时的情况下，农业科学家贾思勰创立了绿肥科学体系，开创了绿肥试验研究的先例，并且在《齐民要术》中系统地总结了绿肥的栽培利用经验，是中国绿肥发展史上一座重要的里程碑。此后从唐朝到清朝，绿肥在我国的发展迅速，品种以及种植面积都有所增加。20 世纪 40 年代，我国的绿肥种植面积发展到约 130 万 $hm^2$。新中国成立后，有机肥建设受到国家的重视，推出秸秆还田、种植绿肥等措施，有机肥的发展形势一片大好。我国绿肥的种植面积由 20 世纪 50 年代的 170 多万 hm²，迅速增加到 1976 年的 1 300万 hm²。然而近 40 多年来，化肥工业迅猛发展，化肥施用量逐年增加，有机肥料被人们渐渐忽视，绿肥方面的相关研究也越来越少，绿肥作物的生产迅速滑坡。绿肥作物良种的培育和供应工作几乎停滞，绿肥作物品种和利用方式单一。同时随着进城务工农民增多，农村劳动力减少，农民普遍轻农肥、重化肥，而且绿肥作物经济价值较低，种植绿肥还需一定投入，且养分释放比较缓慢，不能很快见效，有的还要占用主作物的生长季，绿肥不再受到人们重视，用地养地观念逐渐淡化。我国绿肥种植面积一再下降，20 世纪 90 年代面积约 400 万 hm²，目前在 200 万 hm² 以下。

有关专家提倡，我国目前应增加绿肥、牧草等相关作物，以达到种植制度多元化的目的。把种植绿肥放到种植制度之中是现代农业发展的重要环节。具体来说，绿肥能够改善作物品质，改善土壤理化性状，为下茬作物提供各种养分，增强土壤有机质的积累，提高土壤微生物以及酶的活动，防止水土流失，修复荒坡废地，净化生态环境等。因此种植绿肥可缓解资源与环境的矛盾，实现农产品优质安全生产。

虽然绿肥作物作用巨大，但 40 多年以来，由于工业化肥的使用，农民已经忘记这类传统的、为农业做出巨大贡献的绿肥作物。近年随着农产品品质下降、土壤质量下降日益加重，加上社会对环境安全、农产品品质安全的需求不断提高，恢复与发展绿肥势在必行。国家和各级政府高度重视绿肥发展。在此背景下，启动“绿肥作物生产与利用技术集成研究及示范”项目，建立有机肥替代化肥试点，在适宜地区集成推广“自然生草+绿肥”等有机肥替代化肥技术模式，支持农民在菜园、果园、茶园种植绿肥，改良土壤、培肥地力。2017 年 9 月国家绿肥产业技术体系成立。在体系的支持下，延安市农业科学研究所不仅科学地继承前人研究成果，更针对现代农业生产现状，在陕西主要农区开展了大规模的技术模式研究和绿肥种植试验。

# 第二章　陕西省绿肥概况

陕西省栽培利用绿肥的历史悠久，但新中成立前夕，除秦岭以南稻区外，其余地区已经很少栽培。新中国成立后，科研单位通过调查并且总结群众种植绿肥的经验，和农民一起试验、示范、推广，绿肥有了一定的发展。从 1962 年开始，陕西省绿肥发展取得长足进步，绿肥的栽培面积逐步扩大，在生产上起了一定作用，到 1966 年全省绿肥栽培面积达 40 万 $hm^2$，其中草木樨 8 万 $hm^2$，毛叶苕子和光叶苕子约 6 万 $hm^2$，其他为夏播短期绿肥绿豆、黑豆、荞麦等。但 1966 年后栽培面积下降明显。1976 年统计，全省绿肥面积约为 30 万 $hm^2$。进入 20 世纪七八十年代，绿肥的生产利用日渐减少。陕南、关中地区由于特殊的自然地理环境，土地生产的集约化程度提高，绿色种植受到了极在的制约，仅有的绿肥大多被用作饲草。目前只在渭北的一些果园有少量种植。虽然近年来国家倡导发展果园、荒山、荒地种植绿肥，但由于措施不力，成效并不显著。绿肥种植大部分集中在一些需要进行水土保持的荒坡地，全省种植面积仅 73. 5 万 $hm^2$，其中不到 7. 9%的绿肥直接还田，大部分被用作饲料。

近年来广大果农也开始大范围的种植果园绿肥，如三叶草、草木樨等作物。因其保墒、固氮、培肥地力，得到很快推广。

20 世纪 80—90 年代，陕西冬季可种植的绿肥品种多，主要有苜蓿、豌豆、毛叶苕子、草木樨、三叶草、黑麦草等，累计种植面积约 1.59 万 $hm^2$，总产草量 $3.12\times10^5$t。三叶草、夏油菜、籽粒苋、豆科绿肥、苏丹草、毛苕子等可在春季种植，总种植面积约 $1.64\times10^4hm^2$，总产草量 $4\times10^5$t。苜蓿、紫穗槐、沙打旺、三叶草、草木樨、黑麦草、紫云英等为陕西的多年生绿肥品种，种植面积为 $5.03\times10^4hm^2$，年产量 $8.58\times10^6$t。此外，主要还有柠条、沙蒿、蚕豆等可作为绿肥来源的作物，种植面积 $3.18\times10^5hm^2$，总产草量 $3.39\times10^6$t。

陕西省具有较为优良的绿肥种植条件。陕西省的渭北黄土高原海拔高，光照足，昼夜温差大，具有得天独厚的苹果种植条件。因而陕西省被联合国粮农组织认定为世界苹果最佳优生区，是全球集中连片种植苹果最大区域。但近年来由于农药化肥连年施肥，果品甜度有所下降，苹果质量不复往日。果树行间套种绿肥可改良果园土壤，为果树提供高质量有机肥，油菜等绿肥更是能吸引传粉昆虫，提高座果率，从而提高苹果质量。在冬小麦种植区，夏季有休闲期，且时间长、面积广。如果在这个时期填闲种植短期的豆科绿肥，不仅可以充分利用夏闲期的降水和光热资源，而且对于土壤肥力的提高，减少氮肥的施用有重要意义。小麦、玉米与绿肥间作，不仅有利于培肥土壤，解决当地有机肥投入不足的问题，而且可以利用植物之间的相互促进作用提高作物产量和品质，提升作物对水、肥、光、热的利用效率。同时，绿肥生产还可以产生直接的经济效益，例如，豆类可收获豆荚，毛苕子、苜蓿等绿肥可刈割做饲草等。所以面对目前土地退化的现状，大力发展绿肥生产，对培肥土壤及农业的可持续性发展都有着举足轻重的作用。

# 第三章　绿肥栽培的必要性

我国氮肥的生产量和使用量均占世界第一，而氮肥的平均利用率仅有30%~35%，而流失率高达52%~60%。现在大部分农民还存在“用肥越多，收成越好”的想法，人们为追求单位面积农业作物产量的提高而过度使用化学肥料，结果造成了浪费及环境污染。据统计，我国每年因不合理施肥导致1 000多万t的氮素流失到农田之外，直接经济损失约300亿元，这不仅造成严重的资源浪费，也是水体富营养化等环境问题形成的主要原因。所以，为了减少化肥浪费，改善生态环境，一方面要合理施肥，另一方面应探索一种有效可持续的办法，既有利于粮食生产，又有利于环境的保护。大力发展绿肥不应是权宜之计，在很长历史时期内，应是一项加速农业牧业发展的战略性措施！

## 一　当前农田施肥管理及绿肥应用现状

土壤是人类农业生产中一项重要的资源，而土壤质量是限制农业生产的重要因子，具有良好的性状、一定肥沃度的土壤是农业良好发展所必需的。自20世纪80年代开始，化肥因肥效高、使用便捷，逐渐被农民广泛使用。目前我国化肥生产和消费量均居世界第一。化肥施用量不断增加，加上我国长期单一地使用化肥，忽视有机肥投入，导致我国当前土壤污染严重。出现许多前所未有的问题：土壤酸化板结、有机质下降、土壤养分失衡、增产效果不显著、化肥效率低下（近年来氮肥利用率平均仅为30%～35%，美国等某些发达国家的为50%～55%）、农产品的品质变差、土壤微生物种类减少、地下水硝酸盐污染严重、湖泊和近海水体富营养化现象频频发生、土壤酸化、土壤团粒结构遭破坏等。这一系列的问题对农业生产和生态环境均产生了极大的负面影响。种植使用绿肥是解决以上问题最便捷、经济、实用的方法。

## 二　绿肥的作用

绿肥是我国传统有机农业的一个重要组成部分。随着现代科学和工业技术的发展，工业部门把越来越多的物质和能量投入农业，用农业机械、石油、电力、化肥、农药、塑料薄膜等装备农业，使农业生产发生了很大的变化。一种新型的生态系统，即人工控制下的物质循环与能量转换系统，正逐步代替原有的半封闭生态系统。在这种生态系统下，绿肥占有什么样的地位？农业现代化需不需要发展绿肥？针对这个问题，目前许多农民和科技人员只是有一些模糊的认知，因此有必要把绿肥在农业中的作用做系统介绍。

### （一）绿肥分解可以提供丰富的养分

绿肥在土壤中的分解是一个复杂的生物化学过程。绿肥翻压到土壤中，在微生物的作用下，有机物被逐渐分解，一部分成为可被植物吸收利用的营养物质；另一部分重新组合形成土壤腐殖质。前者称之为矿质化，后者称作腐殖化，这两个过程是同时进行的。在环境条件适宜时，绿肥的分解速率在翻压的最初三个月内较大，特别是第一个月，以后将逐渐变慢，在这分解过程中，植株体内的养分，尤其是氮素释放出来为当季作物所吸收利用。豆科绿肥中的氮素对当季作物的有效性较厩肥、堆肥高，一般占总氮素的25.3%。绿肥在分解的过程中，其分解速率和氮素当季利用率，受土壤水分、温度、绿肥组织老熟程度以及绿肥种类的化学组成等因素影响。一般在水分适中、组织幼嫩、温度较高、浅埋的条件下，绿肥的分解迅速，氮素利用率也较高。此外，碳氮比是绿肥分解时提供有效氮的重要指标，而木质素含量是决定绿肥分解和对氮素固定的重要因素。一般情况下，绿肥木质素含量越高，氮素有效性越低；而木质素含量比较相近的植物残体，碳氮比值越小，氮素有效性越高。

当绿肥施入土壤中后，绿肥的腐解能促进土壤中原有的有机质矿化，这种作用被称为绿肥的激发效应。在培养条件下，激发效应强度与有机物质的组成、土壤有机质含量、含水量等因素有关。易分解的有机组成，包括热水溶性物质、苯醇溶性物质等会产生正激发效应，纤维素和木质素成分则易发生负激发效应，故鲜嫩植物易引起正激发效应，其激发量随使用量增大而成比例地增强。

### （二）对土壤有机质的影响

有机质是土壤的重要组成部分，是作物生产可持续性的一个关键因素，在农田系统养分循环中起到了重要的作用，其含量是土壤质量优劣的一个重要指标。

许多学者通过研究认为绿肥有利于土壤有机质的积累。豆科作物能很好地生长在氮素不足的土壤中，并将土壤中的氮素供给其他植物，翻压到土壤中的绿肥还可以提高土壤的有机质含量。许多田间试验证明，绿肥能增加土壤的有机质含量。翻压绿肥后不仅土壤供肥能力有所提高，而且保肥性能也有所增强。连续翻压三年田菁，每年亩（15 亩 = $1hm^2$。下同）压 1 500kg，土壤有机质含量相对提高 19.6%，而每年亩压 3 000kg 绿肥，土壤有机质相对提高 21.5%。

### （三）对土壤理化性质的影响

土壤的养分含量及土壤 pH 值是土壤肥力水平的重要指标，它对植物的生长发育及其产量等都有显著的影响。研究表明，种植绿肥及绿肥压青都可以有效的改善土壤的物理化学性质，使土壤中的难溶养分得到转化，土壤微生物循环得到促进，从而有利于作物的吸收和利用。绿肥在土壤中分解的过程中能向土壤提供多种有效养分，其腐解可以释放出氨，可以提高土壤的酸碱度。张伯泉在其研究中指出，施入绿肥可以使植物生长迅速且茂盛，根系较多且根茬也残留的较多，加上带入土壤的一些未腐解的有机物，所以使轻组有机质所占的比例增加，而复合度下降。

研究表明绿肥翻压前后土壤有机质有明显的变化，其中沙打旺翻压后土壤有机质增加最多，相对于对照增加了15.9%，其次为草木樨，比对照增加了13%。同时，绿肥在腐解过程中氮素的释放和对有机质的积累有很好的相关性，有关资料显示，土壤中的有机氮约98%源于有机质的转化。

绿肥在其生长的过程中对土壤水分、温度等也有很大的影响，王建红等在浙江省茶园镇的茶山附近建立面积为0.27hm$^2$ 的绿肥试验田，并且选择8种绿肥研究其对土壤的水分以及温度的影响，发现生长快、茎叶茂盛、对地表遮蔽度高的绿肥可以明显抑制根际表土水分的蒸发，对于土壤含水量的增加有显著效果，如紫花苜蓿、高丹草及多花木兰等。

### （四）对作物品质和产量的影响

绿肥能改善土壤的理化性质，提高土壤的肥力，但最终的目的是要提高作物的产量和品质，周详芳等研究豆科绿肥翻压对玉米产量及品质的影响，结果显示与对照相比，翻压绿肥能明显地提高后作玉米的产量，增产率达12.5%，此外，翻压绿肥还能改善玉米的籽粒品质。

### （五）保持水土，改善生态环境

绿肥作物种植后，由于其茎叶茂盛，对地表有覆盖保护作用，此外，其根系一般较发达，能穿透土壤，达到疏松效果，加大水分的渗透性，从而使土壤或沙丘免受水土流失。在坡地和沙荒地种植绿肥，结合其他保土措施，可保持水土，固定沙丘，从而减少水、土、肥的流失。其次，在耕地上种植并利用绿肥，尤其是一些豆科绿肥，由于其根瘤菌的固氮作用，能减少化肥的施用量，从而减少了肥料进入水体，大大地缓解了水体的富营养化问题。绿肥覆盖可以保蓄更多水分，并缓和地面昼夜温度的激变，因而，对果树、茶树及其他作物的生长有好处，进一步增加了保土的功效。绿肥作物遗留在地下的浅根和地面的枯枝败叶经过腐解后形成腐殖质，可以增加土壤团粒结构，降低土壤容重，增加土壤孔隙度，提高土壤渗透性和蓄水能力，从而增强了土壤抵抗侵蚀的能力。地面种植狼牙刺与荒坡对照相比，地表径流减少了61.3%~70.1%，冲刷量减少了82.4%~93.9%。此外，种植绿肥还可以增加土壤抵抗污染的能力，增施绿肥、厩肥、堆肥、腐殖酸类物质等有机肥，可以增加土壤有机胶体的含量，提高土壤的缓冲能力和自净能力，增加土壤环境的容量。

### （六）促进畜牧业发展

传统利用绿肥的方式是直接进行刈割并直接翻压入土壤中，而这种方式存在不少的浪费。专家提出将绿肥在其产草量高并且营养含量丰富的时候收割用作饲料饲养家畜，其中的蛋白质及各种营养物质通过动物的消化而转化为人类能直接利用的畜产品，然后再以畜粪还田，由此构成了一条养分循环途径，相比于绿肥直接压青或沤肥还田更为经济合理。

### （七）其他

有些绿肥可做工业生产原料，如田菁种子可以提取胚乳胶作为石油工业的压裂剂，紫穗槐是编制的好材料，箭筈豌豆籽粒是加工粉条（食品）的上等原料等，在能源缺乏时绿肥还可解决居民薪柴问题。

紫花苜蓿、紫云英、草木樨、油菜等绿肥作物可用作蜜源、蔬菜、花卉、经济作物等。苕子每公顷每季养蜂可产蜜600~750kg，草木樨的产蜜量也达到300~600kg。扩大绿肥作物种植面积，在发展农牧业的同时，也可促进农村养蜂业的发展，在一定程度上增加了农民的收入。

一些绿肥作物还可用作蔬菜、花卉、油料作物等。如紫云英、油菜、豌豆、蚕豆等可作蔬菜食用。绿肥作物与常见的花卉相比，一般对环境要求低，耐寒抗旱性能较强，因此在裸露的荒地种植油菜、紫云英、紫花苜蓿等花期较长的绿肥作物，也是一种美化生态景观的做法。油菜、大豆等绿肥作物的种子还可以用来榨油。

将绿肥的作用归纳总结，主要有十点：

（1）提供作物养分，提高粮食产量。绿肥作物可活化、吸收土壤中难溶性磷钾，豆科绿肥还可固氮，并产生大量的有机体还入农田，因此能均衡提供大量养分，从而有效提高农作物产量。

（2）合理用地养地的重要措施。化肥无论如何配合使用，都是在有限的元素间进行搭配，难以解决作物的所有要求，特别是对于土壤综合肥力的需求，绿肥可以弥补这些不足。绿肥能为耕地土壤提供大量的有机质，改善土壤结构，从而很好地改善土壤质量。

（3）促进优质农产品生产。绿肥能减少化石产品投入，培肥地力，从而提高作物品质，绿肥作物还能大幅度减少农药使用。不仅如此，绿肥是最清洁的有机肥源，没有重金属、抗生素、激素等残留威胁，完全满足现代社会对于农产品品质的要求。

（4）轮作倒茬的重要措施。在连作制度中插播一茬绿肥作物可以大幅度减少一些作物的连作障碍，减少病害、虫害和草害的发生。

（5）防止水土流失，改善生态环境。绿肥作物多是利用空闲季节和空闲土地来种植，因而可以有效减少土地裸露，大幅度减少种植区的水土流失，改善生态环境。这些效益不仅体现在绿肥生产的传统地区，随着现代农业的演变，其他非传统绿肥生产地区也迫切需要发展绿肥生产。

（6）可提供大量饲草。大部分绿肥鲜草和干草都是优质的饲草原料，可以解决大量的青饲料来源，替代饲料粮，进一步保障粮食安全。特别是在半农半牧区，如西北地区、西南高原等地，绿肥作物大多能以畜禽过腹还田形式利用，从而进一步发挥其综合价值。

（7）改善水体环境污染。种植利用绿肥作物，可以减少化肥使用并培肥地力，进而可以提高肥料利用率，减少肥料养分进入水体。种植利用 0.15 亿 $hm^2$ 绿肥，每年估计可减少流入水体的氮相当于 67.5 万 t 尿素。

（8）有显著的节能减耗作用。0.15 亿 $hm^2$ 的绿肥作物每年的养分生产能力相当于 500 万 t 尿素、410 万 t 硫酸钾，固定的氮肥可以减少消耗 750 万 t 煤炭，节电 50 亿 kW · h。此外，我国钾矿极少，吸收固定的相当于 410 万 t 硫酸钾的钾素意义十分重大。

（9）可固定大量 $CO_2$。绿肥作物体内含大量碳素，发展绿肥对于我国的环境保护与履行 $CO_2$ 减排等国际公约具有重大意义。据推算，0.15 亿 $hm^2$ 绿肥可以固定 1.13 亿 t $CO_2$，同时放出 0.97 亿 t $O_2$。我国每年的温室气体总排放量为 61 亿 t（2004 年），绿肥的表现减碳作用可以占全国碳排放总量的 1.8%左右。

（10）有直接经济效益。利用绿肥可以节省肥料，具有显著的经济效益。以紫云英为例，$1hm^2$ 绿肥可固氮（N）153kg，活化、吸收钾（$K_2O$）126kg，经济价值可观；同时紫云英是优质的蜜源植物。目前生产上利用的多数绿肥作物多是非常好的饲草和蔬菜来源，其价值也是十分可观的。

# 第四章　绿肥的分类及品种介绍

绿肥是用作肥料的绿色植物体，绿肥也是含碳高的有机肥料，凡是以作肥料为目的，为植物提供营养而栽培的或野生的，无论是直接或间接肥田的绿色植物体均属绿肥范畴。作为肥料而栽培的作物叫绿肥作物。与其他有机肥比较，绿肥具有植物的一些特殊功效如固氮性、解磷性、生物富集性、生物覆盖性和生物适应性。除了种植上有特定条件外，在利用上，随着人们经济意识的改变，对绿肥生产自然采取实用主义的态度，先将其利用在低投入高效益的方面，然后再作肥料。早在中国古代，绿肥已突破了单一肥用概念，以后也形成了一些新的提法，如牧草绿肥、覆盖绿肥、兼用绿肥等。

## 一、绿肥分类

凡作肥料施用的植物绿色体均称为绿肥。绿肥的种类很多，根据分类原则不同，有下列各种类型的绿肥。

### （一）按绿肥来源分类

（1）栽培绿肥。指人工栽培的绿色作物。

（2）野生绿肥。指非人工栽培的野生植物，如杂草、树叶、鲜嫩灌木等。

### （二）按植物种属分类

（1）豆科绿肥。其根部有根瘤，根瘤菌有固定空气中氮素的作用，如紫云英、笞子、豌豆、豇豆等。

（2）非豆科绿肥。指一切没有根瘤的，本身不能固定空气中氮素的植物，如油菜、金光菊等。

### （三）按生长季节分类

（1）冬季绿肥。指秋冬播种，第二年春夏收割的绿肥，如紫云英、油菜、茹菜、蚕豆等。

（2）夏季绿肥。指春夏播种，夏秋收割的绿肥，如田菁、柽麻、竹豆、猪屎豆等。

### （四）按生长期长短分类

（1）一年生或越年生绿肥。如柽麻、竹豆、豇豆、苕子等。

（2）多年生绿肥。如山毛豆、木豆、银合欢等。

短期绿肥，指生长期很短的绿肥，如绿豆、黄豆等。

### （五）按生态环境分类

（1）水生绿肥。如水花生、水葫芦、水浮莲和绿萍。

（2）旱生绿肥。指一切旱地栽培的绿肥。固稻底绿肥指在水稻未收前种下的绿肥，如稻底紫云英、苕子等。

### （六）按栽培方式分类

单播绿肥；混播绿肥；套种绿肥。

### （七）按利用方式分类

观赏绿肥；饲用绿肥；肥料绿肥。

### （八）按种植田块分类

麦田绿肥；果林园下绿肥；稻田绿肥等。

## 二、绿肥品种介绍

### 毛叶苕子

毛叶苕子，也称毛叶紫花苕子、绒毛苕子、假扁豆等，简称毛苕。20 世纪 40 年代从美国引进。毛叶苕子主要分布在中国黄河、淮海、海河流域一带。20 世纪七八十年代在苏北、皖北、鲁南、豫东种植面积达 2 000余万亩，陕西的关中平原与甘肃的河西走廊也有大面积种植。

## （一）生物学特性

### 1. 生长发育所需的环境条件

影响毛叶苕子正常生长发育的主要环境条件有温度、水分、养分、土壤等。

**温度：**毛叶苕子一般品种，能耐短时间零下 20℃的低温，越冬性强，适宜长江以北区域种植。春播条件下，种子如经低温春化处理，则生育期可以提早，产草量也可以提高。

**水分：**毛叶苕子耐旱不耐渍，花期水渍，根系受抑制，地上部生长受严重影响，表现为植株矮化，枝叶落黄，鲜草产量很低。土壤水分保持在最大持水量的 60%~70%最佳。

**养分：**毛叶苕子对磷肥反应敏感，不论何种土壤施用磷肥都有明显的增产效果。

**土壤：**毛叶苕子对土壤要求不高，砂壤土、壤土、黏土都可以种植。

### 2. 生长发育特性

毛叶苕子以秋播为主，我国华北、西北严寒地区也可以春播。但是生物学产量秋播高于春播。毛叶苕子一般分出苗、分枝、现蕾、开花、结荚、成熟等发育阶段。毛叶苕子秋播以后，从出苗至成熟需 250 天左右。

**出苗：**发芽适宜气温为 20℃左右。

**分枝：**毛叶苕子出苗后有 4~5 片复叶时，茎部产生分枝节。分枝盛期一般在返青至现蕾期间。

**现蕾**：秋播毛叶苕子在早春气温 2~3℃时返青，气温达到 15℃时现蕾。因品种和地区差异，现蕾时间一般在 4 月中下旬或 5 月上旬。

**开花**：毛叶苕子全天开花，每天以 14—18 时开花数最多，开花适宜温度 15~20℃。花期为 26 天左右。

**结荚**：毛叶苕子开花多，但结荚率不高。落花率高达 70.4%，结荚数约为小花数的 9.9%~14.2%。

### （二）栽培利用技术

#### 1. 鲜草增产技术措施

（1）选用良种。主要有罗马尼亚苕子，徐苕一、二、三号等。

（2）适期播种。需要适时早播，以利于安全越冬。华北、西北地区秋播的播期宜在 8 月。早播的毛叶苕子由于气温高、墒情好、出苗快，易达到苗全、苗壮。毛叶苕子的春播也宜顶凌早播，可以延长生育期，有利于鲜草增长。

（3）合理密植。鲜草高产的毛叶苕子，一般每亩 7 万~10 万基本苗。每 1kg 毛叶苕子种约可得 24 000苗，适宜播量为每亩 2.9~4.15kg。间作套种由于播种面积小播种量每亩 2~2.5kg 为宜。

（4）增施肥料。绿肥生产需要施肥，毛叶苕子对氮肥、钾肥效应反应不敏感，对磷肥反应敏感，每亩施磷酸钙 10kg，比不施肥的鲜草增产 0.5~2 倍。

### 2. 翻压利用技术

毛叶苕子的鲜草翻压利用量一般以每亩不超过 1 500~2 000kg 为好。

旱地毛叶苕子的利用技术应以治虫、保墒为中心。在未翻压前应在地老虎等地下害虫的孵化期喷药一次。

翻耕时随耕随耙，不使跑墒，有条件可以先灌水后翻压。确保土壤墒情。

## 二月兰

二月兰，别称诸葛菜，十字花科诸葛菜属，一年生或二年生草本。因农历二月前后开始开蓝紫色花，故称二月兰。生长于平原、山地、路旁、地边。对土壤光照等条件要求较低，耐寒旱，生命力顽强，野生或人工栽培。

### （一）生物学特性

二月兰株高 10~50cm，无毛；茎单一，直立，基部或上部稍有分枝，浅绿色或带紫色。基生叶及下部茎生叶大头羽状全裂，顶裂片近圆形或短卵形，长 3~7cm，宽 2~3.5cm，顶端钝，基部心形，有钝齿，侧裂片 2~6 对，卵形或三角状卵形，长 3~10mm，越向下越小，偶在叶轴上杂有极小裂片，全缘，叶柄长 2~4cm，疏生细柔毛；上部叶长圆形或窄卵形，长 4~9cm，顶端急尖，基部耳状，抱茎，边缘有不整齐。花紫色、浅红色或褪成白色，直径 2~4cm；花梗长 5~10mm；

花萼筒状，紫色，萼片长约 3mm；花瓣宽倒卵形，长 1～1.5cm，宽 7～15mm，密生细脉纹，爪长 3～6 毫米。长角果线形，长 7～10cm。具 4 棱，裂瓣有 1 凸出中脊，喙长 1.5～2.5cm；果梗长 8～15mm。种子卵形至长圆形，长约 2mm，稍扁平，黑棕色，有纵条纹。花期 4—5 月，果期 5—6 月。

## （二）栽培技术

播种方式：二月兰的播种可以采用撒播以及条播两种方式进行，条播时行距需要在 15～20cm，撒播时播后需要用工具进行翻土掩埋，如果有条件的话，可以用专用工具播种或机械播种，不过，无论采用哪种方式进行播种，播后都需要耙平，适时镇压。

**播种时期：**二月兰播种的最佳播期是 8 月，最晚不能超过 9 月 10 日，晚播的话，苗小容易造成越冬死亡。

**播种量：**$2g/m^2$，条播可以比撒种省 20%～30%的播种量，如果整地质量好的话，土壤细碎能够相对减少播种量。

**严格控制播种深度：**浅播为宜，保证出苗墒情的情况下播深 1～2cm 就可以，墒情差的地块播深 2～3cm。

**土壤：**二月兰对土壤要求不高。以疏松肥沃且排水良好的沙质土壤为宜。

**光照：**二月兰是短日照植物。

**温度：**二月兰耐寒，最适宜的生长和开花的温度在 15～25℃之间。

**施肥：** 二月兰喜肥，肥力充足可以促使其开花结果。一年施肥 4 次。早春时候的花芽肥、花谢之后的健壮肥、坐果之后的壮果肥以及入冬前的壮苗肥。

## 箭筈豌豆

箭筈豌豆又名大巢菜、野豌豆等，为一年生或越年生豆科草本植物，是巢菜属中主要的栽培种。原产于地中海沿岸和中东地区，在南北纬 30°～40°，在我国适宜种植省份主要是甘肃、陕西、山西、河南、江苏等地。

### （一）生物学特性

箭筈豌豆主根明显，长 20～40cm，根幅 20～25cm，有根瘤。茎柔嫩有条棱，半攀援性，茎长 100～200cm，分枝 30～50 个。箭筈豌豆适应性广，在我国北方的山旱薄地可以广泛种植，但是在泥地和盐碱地上生长不良。

#### 1. 耐寒喜凉

箭筈豌豆生长的起点温度较低，春发较早，生长快，成熟期早。

#### 2. 抗旱耐瘠

箭筈豌豆耐寒性较强，遇干旱时虽生长缓慢，但是能保持生机，获水后又可以抽新枝继续生长，每亩可收籽 50kg 左右。此外，箭筈豌豆也较耐瘠，在新平整的土地上种植也可获得较好的收成，如陕西渭北西部的陇县干旱山区在新平整的土地上种小麦亩产仅有30~40kg，而箭筈豌豆亩产则可达到75kg左右。

**3. 不耐盐渍**

箭筈豌豆耐盐能力差，在以氯盐为主的盐土上全盐达到0.1%即受害死亡。

## （二）栽培技术

**1. 选用良种**

箭筈豌豆品种多，种性差异大，应选用适合当地条件的高产品种。北方作物复种指数低，可选用生育期较长、耐旱、耐瘠的品种。

**2. 播种技术**

**适期早播**：适期早播可以提高箭筈豌豆种子、青草产量。通常从3月初至4月上旬都是适宜的。

**合理密植**：西北地区，水温条件差，箭筈豌豆分枝较少，一般仅为基本苗的2~3倍。播种量宜大。箭筈豌豆作绿肥用每亩播种量应达到7.5kg左右。

**播种方法与施肥**：箭筈豌豆幼苗顶土能力弱，需精细整土，均匀盖土。可采用条播、穴播、撒播等方法，其中条播最好。可以适量使用磷肥增加鲜草量。

**3. 田间翻压**

箭筈豌豆花期前后忌人、畜践踏，更不能田间放牧。箭筈豌豆自开花期至青荚期是机体养分积累高峰期。通常也是压青的适期。作冬麦底肥压青期不应迟于9月上旬；春麦灌区翻压不可迟于10月上旬。在干旱山区压青，必须注意保蓄水分，春播箭筈豌豆应在雨季翻压接收秋雨。夏播箭筈豌豆则必须在早秋翻压。

## 草木樨

草木樨是豆科草木樨属，一年生或二年生草本植物。草木樨生命力很强，到处生长，甚至在极贫瘠的土地上都可以生存。是一种很有价值的绿肥牧草作物，得到广泛栽培利用。

资料记载我国现有7种草木樨，即白花草木樨、黄花草木樨、细齿草木樨、香甜草木樨、印度草木樨、高草木樨和伏尔加草木樨。我国北方多种植二年生白花草木樨和黄花草木樨。

**白花草木樨：**又名白甜三叶、金花草、野苜蓿等。两年生草本植物，根系粗壮发达，根长达1~2m。根系主要分布在0~30cm土层内，占总根量的70%~85%。茎高1~3m。耐干旱、抗盐碱，抗旱抗热能力中等。产草量高，经济价值高。

**黄花草木樨：**又名黄天车轴草、金花草、香草木樨等，两年生草本植物。主根如分枝状萝卜形，很发达，长达60~180cm。茎高1.0~2.3m。产草量较白花草木樨低20%~30%。保持水土或作绿肥不及白花草木樨。

## （一）生物学特性

草木樨鲜根量在0~30cm耕层内，一般每亩150~500kg，最大根量每亩可达1 215kg，折干物质337.5kg。地上部与鲜根重比，一般为2∶1~4.5∶1。草木樨第一年生长结束后进入越冬时根瘤腐烂，翌年返青后又重新生长大量根瘤。

草木樨是生活力和适应性都很强的牧草绿肥作物，不仅在海拔2 400m的高寒山地能生长，同样也能适应夏季酷热地区。具有较好的耐寒、耐热、耐贫瘠和耐盐碱等特性。

**耐旱**：草木樨根系发达，入土深，根幅大，抗旱性强。草木樨耐旱是指它对缺水环境有相当的忍耐力，并非指它不需要适当的水分条件。草木樨在旺盛生长期耗水量较多，因此要获得高的产草量，应保持田间持水量在70%。

**耐寒**：草木樨种子在平均温度3~4℃就能萌动发芽。甚至地表温度短期降至-6.7℃也无冻害现象。

**耐贫瘠**：草木樨根系发达，吸收营养面积大，且根瘤能固定空气中的氮素，因此非常耐贫瘠。

## （二）栽培技术

### 1. 播种保苗

**种子处理**：草木樨种子含有大量硬籽，播前种子需要处理。初冬播种无须处理，因为种子越冬，经过冬冻春消作用能促进硬籽发芽。

**播期：**草木樨播期较长，早春、夏季和初冬均可播种。我国北方通常夏播，不迟于7月。

**整地、覆土和播后镇压：**草木樨种子小，拱土能力弱，播前要做好整地保墒工作。如播前要耕翻耙压。

**播量：**播量取决于播种方法、机械、墒情、整地质量等诸多因素。以处理好的一级种子看，旱地撒播每亩需要2~2.5kg，条播需要1~1.5kg。

**2. 田间管理**

**除草：**草木樨幼苗期生长缓慢，易受杂草为害。在苗高5~6cm时需要进行中耕，可提高鲜草产量20%左右。

**割草时期：**北方早春单播的草木樨，如果秋季不翻压作绿肥，在生长良好的条件下可以刈割两次。第一次刈割适宜时期为7月中旬至8月上旬，不能迟于8月中旬。留茬高度不能低于10cm，以12~15cm为最佳。雨天不可割草，因为刀口流进雨水容易造成根颈腐烂而死亡。第二次刈割一定要在下几次清霜后，部分叶子萎蔫未脱落时进行。

## 紫花苜蓿

紫花苜蓿又名苜蓿或牧蓿，是一种古老的栽培牧草绿肥作物。草质优良，营养丰富，产草量高，誉为“牧草之王”；同时培肥改土效果好，也是重要的倒茬作物。我国苜蓿主要分布在西北、华北和东北等地区。主要介绍西北地区苜蓿。西北地区苜蓿大体分为七个生态类型，一般盛产期年产干草

500~850kg。

## （一）生物学特性

苜蓿是多年生豆科草本植物。根系强大，入土深。一年生根系已达 2.7m，生长多年发育良好的根系甚至在 10m 左右。苜蓿茎长 60~120cm，茎粗 2~5mm。苜蓿喜温暖的半干旱气候，地温达到 4~5℃就可以发芽。苜蓿耗水量较大，用作绿肥饲草，由于其根系发达，能吸收土壤深层水分，有较强抗旱力。苜蓿生长年限可达 10~20 年，但盛产期只有 6~7 年；产量最高的时期是播种的第二年至第四年间。

## （二）栽培技术

### 1. 选地整地

苜蓿种子小，整地质量的好坏对出苗影响较大。苜蓿播种地要求秋深耕，地面细碎平整为佳。

### 2. 播种

**种子处理：**苜蓿种子硬籽率约为 10%，播种前需要碾磨刻伤预处理。

**播种期：**苜蓿的播种期，因各地气候条件不同差异很大，在陕西关中地区 3 月至 10 月都可播种。

### 3. 播种方法及播种量

苜蓿播种方法有撒播、条播、点播 3 种。撒播不便中耕除草，点播费工，条播种子分布均匀，出苗整齐，便于管理。

条播以窄行最佳行距约为 15cm。

播种深度约为 2cm，超过 3cm 难破土。播种后需要镇压处理。

苜蓿种子 500g 约为 25 万粒，但成苗率较低，撒播每亩 1~1.5kg，条播 0.75~1kg，点播 0.3kg 以下。

**4. 收割**

苜蓿如春季单播，当年收割 1 次，产量不及盛产期三分之一。第二年起的 3~4 年间每年可以割草 2~4 次。收割最好定期收割，不定期会对苜蓿生长发育产生不良影响。收割时间最好在初花期收割，产量和草质最佳，否则茎秆木质化，品质差。最后一次收割不宜太晚，否则影响来年长势。

## 豌豆

豌豆为一年生或越年生草本植物。原产于中亚，欧洲南部地中海一带，是世界上分布很广的一种作物。

豌豆的适应性很广，其籽粒可食用，茎叶可以作为良好的绿肥和饲料，在作物轮作中可以为下茬作物提供肥沃的土壤条件，其种植利用面积较大。在我国广泛种植。

### （一）生物学特性

根为直根系并有细长的侧根，主根长 16cm，茎因品种不同而异，高者可达 1.5~2.0m，多为中晚熟种，矮者只有 20~40cm，为早熟种。

豌豆种子发芽温度为3~4℃，出苗整齐。耐旱能力因品种不同有很大差距。豌豆营养生长期内，以气温15℃为宜，因此在夏初温度较高的地方应提早播种，使结荚期避开高温夏季。

豌豆是需水较多的作物，豌豆苗期对水分和养分的需要较少，从现蕾到开花结荚期，枝叶繁茂，光合作用增强，并积累较多的蛋白质和干物质，因此对水分和养分的需要增加。

豌豆耐涝性差，在排水不良的土地上，根机能早衰以致腐烂，地上部也会早枯致死。

### （二）栽培技术

（1）豌豆切忌连作，在作物轮作中最好要隔4~5年种植一次。

（2）在播种前需要对种子进行温热处理，晒种2~3天，提高种植发芽率。

（3）播种豌豆绿肥在早春3—4月化冻9cm即可播种。复种则要在8月初。

（4）播法一般采用穴播或条播，每亩播量：绿肥用种10kg，播量可视籽粒大小增减。

（5）在豌豆生育过程中为绿肥高产可以适当施用磷肥。

（6）豌豆在开花盛期至初荚期营养物质含量和鲜草产量均为最高，此时翻压刈割最为有利。

## 绿豆

绿豆是一年生草本植物，我国绿豆产地主要集中在黄淮海平原。绿豆品种很多，做绿肥用较好的绿肥品种有长垣绿豆、芦氏绿豆、滁县小槐花绿豆。

### （一）常用品种

**长垣绿豆：**种子较小，生育期56天，株高80cm左右。

**芦氏绿豆：**直立从生型，株高60~75cm，每株4~5个分枝，荚长8cm，每荚种子12粒左右，千粒重36g。种子每亩产量80kg左右，鲜茎叶达1 500kg。

**滁县小槐花绿豆：**分圆叶与花叶两种类型，全生育期分别为85天和90天。圆叶产量优于花叶，鲜草产量较花叶高20%。

### （二）栽培技术

**播期：**绿豆播期较长，春季4月中下旬播种，7—8月即可收籽；夏播6—7月下种，9—10月可收割。

**播量：**绿豆每亩播2~3kg，播深3~5cm，绿肥用行距为15~20cm。苗期需中耕除草1次。

**翻压：**绿豆根瘤发育高峰在盛荚期，因此绿肥翻压需要适当偏晚。

## 油菜

油菜是我国主要油料作物之一，它适应范围广，繁殖系数大，适于多种耕作制中的茬口安排，并有一定活化和富集土壤养分的功能，很多省份栽培利用作为绿肥。通常我们将油菜区分为三大类型：白菜型油菜、芥菜型油菜、甘蓝型油菜。三种类型中的所有油菜品种，均可作为绿肥栽培。惯用绿肥的，主要是前两种类型中的若干品种。

**白菜型油菜：**通称甜油菜、白油菜、油白菜。栽培比较广的有两个种，一个是北方小油菜，分布于我国西北、东北、华北各春油菜区。

**芥菜型油菜：**通称辣油菜、苦油菜、麻菜、高油菜等。主要有两个种，一个是小叶芥油菜，一个是大叶芥油菜，主要分布在我国西北与西南各省。这一类型的株型比白菜型的高大松散，分枝纤细而且部位高，生育期稍长，主根粗而入土较深，耐旱和耐瘠性较强。

### （一）生物学特性

一年生或越年生直立性草本。株型随类型和品种不同而异。芥菜型植株一般高于白菜油菜型；主根系呈圆锥形，入土 30~50cm，最深达 100cm。

油菜喜温暖湿润气候。种子无休眠期，发芽最适温度 16~20℃，最低温度 2~3℃；发芽最适宜的土壤水分，为土壤含水量的 30%~35%。在最适宜的温度和土壤环境中，播种后 3~4 天可出苗。随着气温下降，发芽出苗日期相应延长。平均气温为 12℃时，播种后需要 10 天出苗；平均气温为 8℃时，则需要 10 天以上。

在北方很适于春季或麦收后作短期绿肥。品种抗病虫能力较弱，其中白菜型品种表现更差。春、夏播作短期绿肥，60~70 天可进入花期。秋种全生育期 180~220 天。

### （二）栽培利用技术

油菜可直接播种，也可以育苗移栽。用作绿肥，多数采用直播。直播中可以采取单作，也可以混、间、套种。

油菜单一栽培，不宜粗放。整地、播种以及田间管理各项措施都要求比较细致。

**整地**：高产栽培要求土壤深厚、疏松和肥沃。整地要控制土壤湿度，适时深耕细作。春播油菜区可采用早秋深翻土，寒冬细耙磨，春后顶凌耙地，抢墒早播，以获得全苗壮苗。

**播种**：北方可早春顶凌播种。播量春油菜约为 1kg 每亩。播种方式宜条播或撒播；播种使用灰肥加少量磷、氮肥混合均匀拌种，可作为苗期营养，也有利于落籽均匀。油菜幼苗顶土能力弱，播种深度一般为 1~2cm，覆土宜浅。在干旱多风地区，或质地轻松含水量低的土壤可以适当深播镇压。

**翻压**：油菜植株养分含量高于肥田萝卜或大麦，有良好的肥效。单位面积产肥量，以结角初期最高，此时翻压效果最好。

## 肥田萝卜

萝卜是十字花科双子叶草本植物。我国主要蔬菜作物之一，广泛分布于南北各地。

肥田萝卜又称满圆花、大菜、萝卜青等。具有生育期短，耐瘠性强，适播期长，耐迟播。北方可以与其他绿肥早春混播。

肥田萝卜喜温暖湿润气候。种子发芽最适温度15℃左右，最低温度4℃。全生育期最佳适宜温度为15~25℃。肥田萝卜可以单作，也可以和豆科、禾本科多种绿肥间作或混作，鲜草产量和品质优于单作。

肥田萝卜单位面积鲜草产量和氮、磷、钾总产量，以结角初期为最高，也是最佳翻压期。旱地翻压因为土壤水分不足，较难腐烂，应重视短截深埋。

## 饭豆

饭豆又名米豆。系豆科菜豆属。具有青草产量高、适应性广、抗逆能力强、种子繁殖系数大等优良特性。是一种优良的夏绿肥。

饭豆是一年生草本蔓生型作物，株型前期直立，株高55cm左右开始匍匐蔓生。生育期185~200天。种子发芽温度为10~12℃，14℃以上发芽显著加快。25~35℃茎蔓生长快，每天伸长 5cm 左右。抗旱和抗涝淹性能都很强。

栽培技术简单，对土壤要求很低，丘陵洼地、荒山坡地都可种植。播种量绿肥用每亩 1.5kg 左右。以点播和条播为宜。

## 豇豆

豇豆又名豆角，为一年生豆科豇豆属植物，豇豆属其种类较多，根据不同的用途主要分为三种类型，菜用为主的是各种长荚豇豆以食籽粒为主的有白豇豆、红豇豆、饭豇豆（眉豆）；粮肥兼用的或作绿肥的主要是乌豇豆和印度豇豆两种；花豇豆是广西农业科学院 1981 年从菲律宾引进，在广西桂林试种表现较好，有一定的推广价值。

### （一）常见品种

**乌豇豆：**原产亚洲南部，长江以南各省历来有种植习惯，推广较多的是一些地方性品种。近 20~30 年来，长江中下游、淮北、黄河流域一些地区作为夏季绿肥栽培，有蔓生型和直立型两种。蔓生型多为早熟种，直立型和半直立型为晚熟种，在江苏扬州夏播 50 天时，每公顷鲜草产量 2.25 万 kg，生育期为 76~81 天。

**印度豇豆：**原产亚洲热带地区，19 世纪 50 年代福建引种，以后发展到南方各省，在福建、广东、广西、湖南、江西、浙江等省（自治区）作夏季绿肥栽培。印度豇豆生育期，在江浙一带为180~190天，花期以后易受干旱和霜冻的影响，江西省以北难于留种，较耐荫蔽，耐瘠、耐酸、耐渍、耐旱，但抗病虫能力较差。印度豇豆根系发达，茎蔓生，覆盖度大，刈割性好，一生中割2~3次，每公顷产鲜草2.25万kg以上。

**花豇豆：**表现为适应性强，对土壤要求不严，耐酸、耐热、生育期短，产量较高。播期4—7月，当年可收种，春播的7月能割青，再生力强，覆盖度大，是较有前途的果园覆盖绿肥品种。

豇豆养分含量丰富，根据全国有机肥品质分级标准，豇豆茎叶归属一级有机肥。豇豆籽可食用，嫩豆角菜用，茎叶作饲料适口性好，营养价值高，是优良的粮、肥、饲兼用绿肥作物。

### （二）栽培技术

豇豆喜温暖湿润，较耐旱，但不耐霜，不耐湿、渍；发芽最适温度15~30℃，最低温度12℃，在20℃以上生长快，生育期随气温升高而缩短；生长后期若遇早霜，种子不能完全成熟。豇豆种子发芽需水大，适宜在pH值5~8.5的排水良好及肥力较高的土壤上种植，但对土壤要求不严，在新辟旱地上也能生长。

豇豆的播期长，一般在4—8月播，收种的宜早，作绿肥的可晚一些。每公顷播种量，单播60~75kg，播前整地穴播或条播，播深3~4.5cm，注意苗期排灌防旱防涝。宜重施磷肥，早施钾肥，苗期酌情少施氮肥。作为蔬菜一般设立支架单播，作为菜肥兼用的多在春夏高秆作物行间间作、套种，或利用作物前后茬间短期复种，如棉田套种豇豆，小麦收割前后点播在麦株间，生长 40 多天作下一造的基肥，或利用果、桑、茶园、新辟地种植，收割茎叶作绿肥或饲料。作绿肥用的可收 2~3 次，割后适当追施速效肥。不宜连作，选择抗病品种有利于防治蚜虫、豆荚螟、枯萎病。

## 三叶草

三叶草又名车轴草，是豆科车轴草属植物，广布于全世界温带地区，中国有野生种。中国栽培较多的是红三叶、白三叶，属多年生草本植物。三叶草栽培历史久，生态类型多，根据气候和用途选择品种，小叶型适合北方种植；供放牧、保持水土和草坪用中叶型，喜肥水，较耐寒耐热，产量高，放牧时间长；大叶型要求肥水条件好，产量高，适宜收草，作饲料。

### （一）资源与分布

三叶草是欧美国家人工草地骨干草种，中国引种成功后曾在云南、新疆以及长江中下游、淮北等地种植，全国种植面积未做详细统计。三叶草由于具有较高的肥、饲、水土保持、美化环境、养蜂蜜源价值，已引起人们的重视，目前在云南、江苏省种植较多。三叶草一般存活 3~5 年，多则 7~8

年，春播当年每公顷产鲜草 30 000 kg，秋播每公顷可产 45 000~75 000kg，第 3~5 年为盛产年，产量更高。

### （二）栽培技术

红三叶喜温暖湿润、夏不太热、冬不太冷的海洋性气候，种子发芽最适温度为22~26℃，低于10℃和高于36℃不发芽，生长最适温度 18~25℃，植株能忍耐-6~-5℃低温，高于36℃时，生长受到抑制，并有枯死现象。耐旱性差，在雨量低于400mm 的地方栽培需有灌溉条件。耐湿性较好，不耐渍、不耐盐碱，宜在 pH 值 6. 5~7. 5 的黏土地生长。红三叶喜光，光照 14h 以上才能开花结荚。在江苏南京秋播的，9 月上旬播种，4—5 月开花，5 月底种子成熟。春播的，在 2—3 月播种，8 月初成熟。单播的，每公顷播种量为 1kg，留种的酌减。

红三叶草管理中关键措施是越夏，南方进入盛夏至 8 月下旬，要中耕除草，旱地要浸灌降温。为了保证越冬，最后一次收割宜早，使再生草层达 10cm 以上，南方稍短。三叶草花期不一，有 70%~75%荚果变成褐色时收割。

与红三叶草比较，白三叶耐高温，39~40℃下茎叶干枯，但地下部分还有生命力，不耐盐碱，但耐潮湿和荫蔽。在年降水量 700mm 以上地方生长良好，耐酸性强，在 pH4~5 的土壤上能生长，最适土壤 pH 值为 5. 6~7. 0。在江苏南京，秋播次年 5 月开花，6 月下旬种子成熟。

白三叶草种子硬粒多，播前要碾磨破皮以利吸水。未种过三叶草的新区播种时要拌菌，以磷肥作基肥，稻田播种的，可在收稻前 15 天趁土潮湿撒播，旱地播种的，最好先整地雨后播种，苗期注意除草。

三叶草可在果、桑、茶、林园中间种，既起地面覆盖作用，又解决肥源，防止水土流失。江苏省在田埂、隙地种植三叶草，既净化田埂又美化田园。三叶草花期较长，花型美丽，也可作美化环境的草坪草种。

# 第五章　绿肥合理施用

## 一、绿肥的翻压

### （一）绿肥翻压的原则

翻压绿肥是我国绿肥利用的主要方式，其目的：①翻压入土后通过绿肥的腐解与矿化为当季作物或者下茬作物提供大量氮素和多种的其他营养物质，以促进农作物的生长和发育；②翻压绿肥为土壤直接提供大量的新鲜有机质，它们是形成土壤腐殖质的原料，由于土壤腐殖质的更新与积累，土壤有机—无机复合体的形成，改善了土壤肥力因素，从而可以提高土壤肥力。为达到这两项目的，做到合理施用绿肥，应遵循以下一些基本原则。

（1）根据翻压绿肥的主要目的，确定选择绿肥鲜草产量最高和质量最佳的时期进行翻压。

（2）考虑下茬农作物的种植和吸收养分的时期，以最大限度地发挥肥效。同时又避免养分的流失或因绿肥腐解对幼苗生长不利的影响。

（3）考虑土壤、气候、地形等自然环境条件，根据不同绿肥作物的腐解速度确定翻压的技术措施（时期、深度和方法）。

（4）考虑在间作套种栽培条件下绿肥与农作物的共生关系，做到在不影响农作物生长发育的前提下，尽量获取优质高产的绿色体。

总之，翻压绿肥要在增加农作物产量、改善农作物品质和更新、积累土壤有机质，改良低产土壤，提高土壤肥力水平两项目的兼顾情况下，在不同地区和不同农作制的栽培条件下确立其主要方面。

## 二、绿肥翻压时间的确定

绿肥翻压时间应根据上述基本原则考虑如下几个因素。

### （一）绿肥作物的营养生理特点

不同绿肥作物有其不同营养生理特点。同一绿肥作物在不同生长发育阶段其绿色体产量，干物质重、植物营养成分的积累也都是不一样的。一般豆科绿肥作物宜在盛花至结荚初期翻压，而禾本科则宜在抽穗初期翻压，因此时不仅产量较高，且植株柔嫩多汁，施用后分解较快，可发挥良好的肥效。绿肥作物自初花期后，茎叶比例和植株的碳氮比都很快提高。到盛花期后，水分含量还渐下降，而茎的伸长速度则以盛花期前后最快，氮素的积累最高，所以理论上产草最高时期为盛花期稍后。然而有某些绿肥作物和匍匐性强的绿肥作物在花期前后下部叶片变黄脱落，分枝死亡，抵消了茎长的增长，产草量反而下降。多种资料表明，绿肥每亩地上部鲜草产量最高的时期，一般与其干草产量最高时期及每亩可收获总氮量最高时期大体上是一致的。

一般认为夏播豆类绿肥作物以盛花期压青肥效最好，因此时草质柔嫩，养分含量高，但又因其生长快，生长期短，根瘤形成后开始大量固氮还需要一定时间，故在翻压期上仍以后延为宜。如豆类绿肥在摘去一批荚后再翻压，肥效比盛花期翻压高 4. 55%。

我国北方旱作区主要绿肥作物二年生白花草木樨当年入夏后进入营养体生长阶段和入秋后的营养物质积累阶段，因此当年草木樨在第二阶段中不论是绿肥产量和含氮量均为全生育期中的最高峰。自 8 月上中旬至 9 月上中旬不论绿肥产量和其养分含量都占当年生产积累量的 75%左右，故一般在 8 月下旬至 9 月中旬进行翻压，肥效最高。据黑龙江农业科学院土壤肥料研究所资料，草木樨不同翻压期绿肥的数量和质量不同，其培肥土壤效果也各异。

### （二）自然环境与栽培条件

自然环境中的水热状况是影响绿肥翻压后腐解速率的主导因素。其中水分和温度是互相影响的，水分和温度又与供氧条件相制约。一般地说土壤水分为其最大持水量的60%和土壤温度在25~30℃时，绿肥腐解速率最快，土壤水分和温度过高或温度过低都会降低绿肥腐解的速率。以黑龙江黑土翻压草木樨为例，随着土壤含水率的增加和温度的上升，草木樨腐解率渐渐提高，在土壤最大持水量的60%时，其腐解率达到最高，在北方的旱田绿肥其腐解速率和肥效除决定于绿肥品质和土壤温度外，更重要的条件是土壤水分。只有保持一定的土壤水分，才能使绿肥及时腐解和发挥肥效。在年降水量为450mm，活动积温为2 100℃的地区，质地为轻质壤土，绿肥翻压后在1年内均可基本腐解，发挥肥效。然而在同一积温带而年降水量为600mm地区，则较上一地区绿肥腐解速率明显提高。

在各种栽培条件下，在质地不同的土壤上，绿肥翻压时间也不一样。如质地黏重，泥脚深、地温冷凉，又通气不畅的水田翻压绿肥宜早些。在沙质土，尤其石灰性沙质土壤上翻压绿肥后，可随即种植棉花，只要绿肥不与棉花种子直接接触，就不会产生“烧苗”或其他不利影响。但在较黏重的土壤上，绿肥用量较多，土壤墒情又不好，则要求植棉前2~3周翻压绿肥。在冬麦产区夏绿肥在早秋翻压后约30天即可大部分腐解，一般在播种小麦之前进行翻压，只要保持整地质量，也并不影响出苗生长。

土壤的通气状况影响着对微生物的氧气供给量和土壤的氧化还原电位，从而也影响着绿肥有机体的腐解和矿化速度。

通气良好时，好气性微生物数量增加，活性提高，促进了绿肥的腐解矿化和腐殖化作用。

土壤反应与微生物生命活动密切相关，中性和微碱性时，有利于大多数细菌和放线菌的繁育，促进了矿化作用。如在偏碱性的苏打盐土中固氮菌和纤维分解菌生殖极旺，有利于有机质的转化和氮的积累。在偏酸性土壤中，真菌活动较强，矿化速度降低。

另外，土壤溶液浓度和盐类也对绿肥矿化速度产生影响，如盐分含量增加，有机质矿化速度会降低。

土壤肥力越高分解有机质的能力越强，这是土壤的一种生物活性表现。在生产实践中证明了在肥沃的土壤上翻压绿肥其矿化速度要大于肥力低的土壤。当然，其腐殖化程度也高于肥力低的土壤。

## 三、绿肥翻压数量的确定

绿肥翻压数量取决于绿肥最大的生产量和在利用技术上如何充分合理地发挥绿肥肥效。绿肥翻压数量与有效养分的供应量和土壤有机质的保持量呈正相关，翻压量较低的矿化较快，土壤有机质的净矿化度也增加。因此少量多次施入绿肥有利于供肥，而大量集中施入绿肥则有利于土壤有机质的积累。但是一般地说，在一定范围内随着绿肥翻压量的增加其增加作物产量和培肥地力的效果也逐渐提高，从而使绿肥肥效显著。在获取最大绿肥生产量的前提下，考虑土壤肥力状况和后作种类以及品种特性，来确定绿肥翻压量。土壤肥力水平高的可少施，肥力水平低的瘠薄土壤可多施；长生育期的作物，耐肥品种多施；短生育期的作物，不耐肥的品种要少施。在一熟制农作区旱田翻压草木樨，随翻压量增加，作物增产率随之提高。在黑土上绿肥翻压量与作物增产率成正相关。在低产土壤上则作物增产率更大。

## 四、绿肥翻压技术与土壤管理

绿肥翻压质量的基本要求是绿肥翻入土层要做到压严、压实使绿肥与土粒紧密接触，创造有利于绿肥腐解及后作播种的条件，又能做到保持肥分使之不损失不浪费。为此应掌握以下技术要点。

### （一）翻压深度

旱田翻压要适中，翻压过深供氧不足，减慢绿肥腐解速度，肥效不能及时发挥，如翻深超过耕层，使生土翻转于地面，还会导致作物减产。翻压过浅会使绿肥体掩埋不严实，引起跑墒，也影响其腐解速度和下茬作物的播种。实践证明。翻压不严的绿肥株头或细根露于地面，使其呼吸作用加强，以致消耗养分。

翻压深度还要考虑绿肥作物的植株高度、鲜草产量、土壤耕层厚度以及翻压后的水热环境因素。绿肥植株高大根系发达，可在最大耕层内进行深翻，以达到埋严之效果，如果绿肥量大，耕层又浅，可先刈割一部分鲜草经堆沤后异地施用。

### （二）翻耕、耙地、镇压连续作业

翻耕绿肥后随之进行耙地和镇压是提高绿肥肥效的关键性措施。因为连续作业可使绿肥及时死亡，根茎枝条被切断可避免土壤大孔隙的跑墒。由于连续作业使大土块通过耙压适时地被切成小土块使土粒与绿肥密接，从而加速了绿肥的腐解过程。翻、耙、压连续作业还节省了翻耕作业的能源和劳动力消耗。对于多年生的牧草绿肥翻耕后及时耙地切碎其粗壮的根茎，促其加快死亡和腐解，避免再生则更为重要。

# 第六章　果园绿肥与土壤管理

## 一、果园绿肥的重要性

果树是多年生木本植物（种植在一块地上要连续生长数十年之久），每年在整个生育期间，需要从土壤中吸收氮、磷、钾、钙、镁、硼、锰、锌，铜、钼等20种以上的元素，而且对这些元素的吸收量，将随着树龄增长和结果数量增多而增加。如果土壤养分得不到补充，土壤中各种矿质元素就会随着修剪、落叶清理和果实的采摘而逐年减少，当某一种或几种元素缺少到临界限度以下时，就会现出缺素症，严重影响果树的生长发育、开花结果。

陕西果树栽培历史悠久，但随着时间推移逐渐出现果树产量低、果品质量差、树体的营养状况不良等现象。以陕西省洛川苹果为例，近年出现苹果黑心病，苹果糖分下降5%～7%等严重问题。而这种低产和果品品质的下降局面的形成，与陕西果树立地条件差（陕西果园土壤有机质，多数在1%以下，极少数达到1%～1.5%。果园的全氮含量均在0.02%～0.10%范围内，全磷含量在0.03%～0.14%，全钾在1.21%～

2.70%），过量施用化肥，有机肥施用不足或根本不施有机肥是密切相关。因此，要尽快提高陕北果区现有苹果的产量和品质，首先要从改善树体的营养状况着手，在提高栽培技术措施中，重点要放在增加有机肥的施用。各种有机肥中，通过果园生产实践证明，来源广、数量大、成本低、效果好的是绿肥。果园种植绿肥作物，在充分利用太阳能、提高土地利用率、增强地面覆盖、防止水土流失、防风固沙、改土培肥、降低成本、增加果品产量、提高果品品质等方面具有良好作用。所以，积极发展果园绿肥生产势在必行。

## 二、果园土壤管理现状

土壤是果树生长的基础，果树所吸收的水分和矿质直接由土壤供给，因此，果园土壤管理在果树周年管理中占有重要地位，是整个果树栽培管理的基础。科学地进行土壤耕作管理，能够维持和提高土壤肥力，满足果树对水、肥、气、热的需要，为果树根系的生长提供良好的条件，为提高果实产量和品质奠定基础。

清耕法，顾名思义就是果园不种植其他作物保持无杂草状态，并经常耕作保持土壤疏松，这是我国传统的土壤管理方法。清除杂草可减少或避免杂草与果树争夺肥水，经常耕作能改善土壤通透性，增加土壤养分供给，对果树的生长发育有一定促进作用。但长期清耕导致土壤结构被破坏，土壤有机质及各种养分加速消耗而逐年降低，果园土壤肥力退化。虽然短期看来清耕法有一定效果，但从长期效果看来清耕已不再适应生产的需求，违背了生态农业、可持续发展农业的理念，需要新的技术替代。实际生产中我国清耕果园面积占果园总面积90%以上，清耕管理仍是我国的主要土壤管理方式，但随着人们认识水平的提高，今后清耕法的使用会逐渐减少，一些先进的果园土壤管理模式越来越为人们所接受。

目前先进的果园土壤管理模式主要包括果园种植绿肥、果园覆草、果树地膜覆盖、果园生草栽培等。果园种植绿肥是果园行株间种植各种绿肥作物，可培肥地力、提高土壤有机质、减少水土流失、改善果园生态环境的一种生态栽培模式。果园覆草是利用各种作物秸秆、树叶、杂草等有机物覆盖果园地面的一种果园土壤管理模式，有树盘覆草、全园覆盖等方式，可减少水土流失，提高土壤肥力，改善土壤结构。果树地膜覆盖就是采用各种地膜来覆盖果园地面的一种土壤管理模式，常用地膜种类有白色地膜、黑色地膜、反光地膜、光解地膜等，可以根据不同目的选择使用不同种地膜。果园生草栽培是指在果树行间（株间）种植多年生豆科或禾本科植物作为覆盖作物的一种土壤管理模式。果园生草栽培于19世纪中叶在美国纽约出现，20世纪40年代随灌溉系统的发展和割草机的出现使得果园生草栽培得到迅速发展，现在世界上许多国家和地区已广泛采用，取得良好的生态及经济效益。我国20世纪60年代才出现零星报道，70年代末80年代初才逐渐起步，目前果园生草仅处于试验与小面积应用阶段。

这些先进的果园土壤管理模式，在改善果园生态环境、促进果实优质高产等方面发挥了重要作用，为果园的生态栽培、可持续发展创造了条件。尤其是果园生草栽培，目前已成为果树生产发达国家果园土壤管理的主流模式，欧美和日本实施生草的果园面积占果园总面积的50%~70%，有的国家甚至达到90%以上，实施免耕的果园占20%左右，覆盖法和清耕法加起来也仅占10%。果园生草是果园土壤管理制度一次重大变革，我国绿色食品办公室于1998年将果园生草作为绿色果品生产技术体系在全国进行推广，许多典型示范果园在全国范围内建立，果园生草模式正式被接受。

# 第七章　果园绿肥品种选择与栽培模式

## 一、果园绿肥作物选择原则

针对果园缺水缺肥、地面板结、水土流失等问题，果园生草的草种选择主要原则有：

（1）低矮或匍匐生，草层在40cm以下，对果树郁闭程度低，根系较浅，以须根为主。

（2）有一定产草量，覆盖度大，有利于培肥果园土壤。

（3）不与树体争水争肥，无分泌毒素或克生现象，对果树根系无不良影响，与果树无共同的病虫害，最好能引诱天敌或适于果树害虫天敌寄宿。

（4）生育期较短，覆盖时间适宜且保墒效果好，最好与当地自然生草一致。

（5）对土壤和气候有广泛的适应性，要求生草品种耐阴耐踩踏性强，耗水量较少，最好是豆科和禾本科草种或更多草种混种，以期形成良好稳定的生态循环系统。

# 二、果园绿肥栽培模式

## （一）乔化幼龄果园绿肥的种植方式

在各种果树的幼龄园中，随树形、栽植方式和密度各异，但其幼龄期的树冠和根群较小，一般可供种植绿肥的面积约占果园面积的 60%～80%。如我国中部地区新定植的乔化果园，株行距多为 4m×6m，若每株留 $1m^2$ 左右的营养面积，则空闲地可约占 80%。在幼龄果园种植绿肥作物，应以不影响果树正常生长发育为原则。起初 1～3 年生时，每株树要留出不小于 $1m^2$ 的营养面积，其余空闲地全部可供种植绿肥作物，以后随着树龄的增长，营养面积也应逐年加大。间作的绿肥作物，可刈割作树下压青，每年压青 1～2 次，压青沟逐年向外扩展，多余的鲜草和根茬，可就地翻压。因我国各种幼龄果园多有间作粮、棉、油等作物的习惯，可考虑在果树行间实行粮、肥合理轮作。

一般轮作周期不宜过长，每个周期绿肥压青的茬数应占一半。绿肥植株低矮为宜，一般越冬绿肥作物可用光叶苕子、毛叶苕子、紫云英、箭筈豌豆、草木樨、蚕豆、豌豆等。夏播绿肥作物可用乌豇豆、印度豇豆、竹豆、绿豆、黑豆、柽麻、田菁等。用多年生绿肥参与轮作，应选择沙打旺、紫花苜蓿、山毛豆等。越冬作物可用小麦、油菜等，夏作物以花生、大豆、红薯、马铃薯、药材为宜。

### （二）乔化成年果园绿肥的种植方式

所谓乔化果园是指树体高大定植株行距比较大的果园。如乔化成年苹果园，一般树高4~5m，常见的栽植密度，行距有4m×5m等。近年来，陕北果区乔化果园又多采取宽行密株的栽植方式，其优点是栽植株数增多，光能和土地利用率高，管理方便，又能永久性的适于间作和种植绿肥作物。而株间可采取清耕或覆盖，行间则可视情况决定轮作，种绿肥或生草栽培。越冬绿肥作物应选用耐阴性强的绿肥品种，如毛叶苕子等；在陕北果区果园，因绿肥作物不能安全越冬，一般采取春播，适宜品种有香豆子、箭筈豌豆、毛叶苕子、一年生草木樨等；夏绿肥以黑豆、秣食豆、绿豆、乌豇豆、柽麻、田菁等为宜；二年生绿肥一般用草木樨；多年生绿肥可用三叶草、紫花苜蓿等。乔化果园株行距虽较大，但因其长势旺，根系和树冠扩展较快，可供间作绿肥的面积也随之逐年减少。进入结果盛期后，绿肥的面积一般仅占果园的30%~50%。而在株行距较小的乔化密植园中，果树进入盛果期后，因树冠已交接，株行间基本无空地，绿肥也无法种植。落叶果树园，每年采果前后，撒播越冬绿肥毛叶苕子等，待翌年春末夏初将绿肥鲜草进行人工翻压或刈割集中压青，夏季地面采取人工除草或喷洒除草剂。

### （三）矮化密植果园的种植方式

果树矮化种植是目前果树栽培方向。矮化密植果园最大特点是早结果、早丰产、单产高，能最大限度利用光能和提高土地利用率、管理收获方便省工。但根群小而浅，固地性差，肥水条件要求较高，寿命较短。

矮化密植果园，在定植后的1~3年，由于树体较小，株行间均可种植绿肥作物，所种绿肥作物可以单播，也可以混播。但应以种植一年生或越年生豆科绿肥作物为主。越冬绿肥应种植毛叶苕子和晚熟的箭筈豌豆等，其混播的搭配品种可用油菜等，在冬绿肥不能安全越冬的陕北果区可以改为春播。夏绿肥以播种豇豆和绿豆为主，不宜种植柽麻、田菁等高秆绿肥作物。随着矮生果树树冠和根系的扩展，绿肥就只能在行间种植。当矮生果树进入盛果期后，行间逐渐郁闭，就应改种矮生、耐阴、耐践踏的一年生或多年生牧草绿肥作物。陕北果园可种植红三叶草、绛三叶草、圆苜蓿、早熟毛苕或保持自然杂草植被；每年视生长情况，刈割鲜草放在原地或集中作树盘覆盖材料之用，并注意在刈割后给牧草绿肥根茬追施速效氮肥和灌水，常年保持免耕，3~5年翻耕一次，重新播种。树盘则采取免耕覆盖。这种行间生草，树盘覆盖的土壤管理，不仅有利于土壤有机质的积累，而且对树体也产生良好作用。

# 第八章　陕北果区绿肥种植主推模式

陕西延安果区属半干旱地区，年降雨量分布不均，特别是冬春易出现干旱。该区域虽从20世纪90年代就开始推广果园种草技术，但一直没有取得突破性进展。原因是种植三叶草等草种根系浅，抗旱抗寒性差，对水分依赖大，干旱时与果树争水矛盾十分突出，造成年年种草不见草。我们推广多年研究总结出以下几种绿肥种植模式。

## 一、果园绿肥菜豆轮茬栽培模式

### （一）豆菜轮茬覆盖的优点

（1）提高土壤有机质含量。油菜、黄豆是当地种植多年的作物，适应性好，营养丰富，生长量大，只要人为控制好，与果树争肥争水矛盾相对较小，提高半干旱地区果园土壤有机质、保持土壤水分、改良土壤结构效果非常明显。

油菜根为肉质根，一般纵深30～50cm，细根多集中在30cm左右土层中，横布40cm左右。根系干物质中含氮1.18%，含磷0.11%；鲜草中含氮0.266%，含磷0.039%，含钾 0. 607%。油菜还有激活土壤活性、提高土壤磷吸收利用率的作用。

大豆根有主、侧之分，呈钟罩状，多数分布在地表至地下 20cm 左右土层中，生有根瘤和根瘤菌，具有较好的固氮作用。大豆鲜草中含氮 0. 577%，含磷 0. 063%，含钾 0. 368%。

经试验调查，每年果树行间实施豆菜轮茬覆盖，平均每亩的产草量分别为油菜鲜草 2 133kg、豆草 1 037kg，覆于树盘腐熟分解，连续 3 年可提升土壤有机质含量 1. 69g/kg。同时，果园豆菜轮茬可以改善土壤理化性状，活化被土壤固定的养分，提高土壤养分吸收利用率。

（2）保墒保水减少蒸发。利用黄豆（油菜）刈割后的鲜草覆盖树盘，极大地减少了果园土壤裸露时间和面积，减少了水分蒸发。黄豆、油菜覆盖后，0~20cm 土层含水量分别增加 2. 2%和 2. 6%；20~40cm 分别增加 1%和 1. 5%；40~60cm 分别增加 0. 5%和 1. 2%。同时，还可以有效保蓄自然降水，减少水土流失。

（3）促进果实授粉。实行豆菜轮茬，油菜花期与苹果花期基本一致，油菜花提供了大量蜜源，可招引更多蜜蜂等传粉昆虫，有效提高了果树授粉受精质量，降低了果实外形偏斜率，对提高产量和品质起到了极大的作用。苹果自花坐果率为 7. 5%，清耕区自然坐果率为 11. 2%，果园种植油菜后自然坐果率为 13. 7%，比对照清耕区高 2. 5%，比自花授粉高 6. 2%。经试验点调查，实施豆菜轮茬覆盖后，平均亩产可增加 171kg，果实偏斜率降低 10. 8%，可溶性固形物、硬度、果形指数有所提高，果实内外在品质得到明显改善。

（4）提高果品质量安全水平。黄豆具有固氮作用，可以促进土壤微生物活动，利于土壤团粒结构形成。油菜根系可以分泌大量有机物，激发土壤微生物数量增加，促进生物化过程，提高土壤中酶的活性，使土壤有机态养分向有效态养分转化，减少化肥施入量。

实行豆菜轮茬后，果园小气候条件得到明显改善，为瓢虫、草蛉等自然天敌提供了必要的食物来源和栖息环境，有利于天敌的生存和繁殖，每年可减少农药防治 1~2 次，提高了果品质量安全水平。

## （二）豆菜轮茬覆盖技术要点

**品种选择：**选择白菜型油菜品种，如延油 2 号。该品种抗旱抗寒能力较强，具有较好的越冬能力。黄豆应选择有限结荚的中、早熟品种，如中黄 13、郑长交 14、郑 9007、福豆 234 等，不宜选用无限生长和亚有限结荚的晚熟品种，以免生长过高而影响果树生长。

**园地整理：**黄豆、油菜宜种植在果园行间或果园反坡梯田梯面上。播种前全园浅耕翻 1 次，耕翻深度 20~50cm，打细土块，耱平整匀。

**适时播种：**油菜的播种时间，延安北部地区应在 8 月上中旬，南部地区应在 8 月中下旬。播种过早，上冻前容易抽薹，不利于越冬；播种过晚，根茎达不到一定粗度，不能安全越冬。翌年春季土壤解冻后镇压。黄豆播期以 4 月下旬到 5 月上旬为宜。

**播种方法及播种量**：采用条播和撒播亩播种量黄豆为 8~10kg，油菜为 0.25~0.5kg。油菜播种前用过筛沙子与种子以 5∶1 的比例混合均匀，以保证播种密度相对一致。①撒播。将黄豆或混沙的油菜种子均匀撒于行间播种带内，然后用扫帚扫，用铁锨镇压。②条播。行距 20~30cm，开 5cm 深的沟，在沟内撒上黄豆或混沙的油菜种子后，覆 0.5cm 厚的细土压实，使土壤与种子紧密接触。

**播后管理**：黄豆分枝期亩施尿素 7~8kg，油菜在第 2 年返青期遇雨及时亩施尿素 7~8kg，促进产草，减少因种草对果树的营养竞争。

**适时翻压**：黄豆以 8 月上旬翻压较好，一般在黄豆花夹期采用秸秆还台机翻压入土壤，待 2~3 天将油菜条播于果树行间。翌年 4 月下旬将油菜用秸秆还田机翻压入土壤，5 月上旬播种黄豆，利用当地物候条件一年种植两茬绿肥。

## 二、成龄果园毛叶苕子栽培模式

近年来陕北果区成龄果园占果园面积的 80%，随着产业结构调整，绿色、有机成为当前果品发展的方向，长期的使用化肥，掠夺式生产，造成土壤 pH 值下降，有机质严重短缺，果品糖分下降2%~7%。“成龄果园毛叶苕子栽培模式”为成龄果园绿肥种植与农时（春季果园管理）相结合，减轻劳动强度和劳动力投入，减少化肥的使用量，通过绿肥毛叶苕子增肥、保墒等方法解决生产中存在的问题。

### （一）毛叶苕子生物学特性

豆科野豌豆属一年生或越年生草本植物。攀援或蔓生，毛叶苕子根系发达，主根长1m多，侧根较多，根上着生褐色根瘤，固氮能力强。茎叶柔软，适口性好，可青饲、放牧和调制干草，是理想的优良牧草和复种作物，也是优良的绿肥作物，亩产鲜草2 000~3 000kg。初花期鲜草含氮0.6%、磷0.1%、钾0.4%。根系和根瘤能给土壤遗留大量的有机质和氮素肥料，改土肥田培肥地力，增产效果明显。毛叶苕子耐寒性较强，在秋季-5℃的霜冻下仍能正常生长。耐旱力也较强，在年降雨量不少于450mm地区均可栽培。对土壤要求不严，喜沙壤及排水良好的土壤，不耐潮湿，适宜pH值5~8，在红壤及含盐0.25%的轻盐化土壤中均可正常生长。在3月下旬播种，5月上旬分枝，6月中旬现蕾，7月上旬开花、7月下旬结实，8月上旬荚果成熟，从播种到荚果成熟约需140天。生长后期，植物上部直立，下部平卧，导致茎叶腐烂。由于自播生长能力强，即使在荒坡及较干燥的地方也有较好的景观绿化效果。耐阴性较强，在具有一定散射光的情况下，就可以正常生长、开花、结实。因此，毛叶苕子非常适宜尾矿区种植，既可以做牧草，也可以做绿肥，还可以做生态绿化。选用毛叶苕子宜选为成龄果园的主要示范推广品种。

### （二）毛叶苕子在果园种植技术要点

**整地：**在果园播行间播种，距离树根45~55cm，用机械深翻，耙耱平整，使活土层深厚坷垃少、颗粒细，以利于播种、早出苗和出齐苗。

**品种选择：**选用蒙苕1号，品种纯度不低于96%，净度不低于98%，发芽率不低于80%，水分不高于10%。播种前将毛叶苕子在阳光下晾晒1~2天。

**施肥：**毛叶苕子以磷钾肥为主，一般每亩基施过磷酸钙10~20kg或者复合肥10~15kg，为了提高毛叶苕子生物学产量。

**播种：**以3月下旬至4月上旬为好。不能迟于4月上旬。采用条播亩播量2~2.5kg，行距20~30cm，播种深度3~5cm。一般在清园深翻后立即播种，或者雨前播种降雨后即可保证出苗。

**田间管理：**为保证毛叶叶苕子有较高的鲜草量，追肥是必要的。当毛叶苕子苗期或开春后长势较差时，每亩可追施尿素2~3kg。毛叶苕子较耐旱，但耐渍性差，应注意田间排水。

**虫害防治：**毛叶苕子应做好斑蝥的防治。斑蝥以成虫为害毛叶苕子，有群聚取食习惯，最喜食嫩叶，也可为害老叶及嫩茎，常吃完一株再转株取食，一般田间呈点片被害状，发生严重时，可将叶片吃光，仅留叶脉。

药剂防治可用1.8%阿维菌素4 000~6 000倍液、1.8%虫螨克乳油4 000~6 000倍液、2.5%溴氰菊酯3 000倍液均匀喷雾防治。

**综合利用：**毛叶苕子具有自落繁殖能力，在作为生态绿化和果园保墒时，可以不用再次播种，可以通过自落籽功能达到再繁殖。毛叶苕子在幼园套种轮茬绿肥时在盛花期适时翻压。成龄果园间作绿肥为蓄水保墒保肥，抑制草害，毛叶苕子8月上旬枯死后，地面覆盖4~6cm，有利于微生物繁殖，封冬前籽粒与覆盖层一并翻入土中，第二年种子破土出苗。人们习惯称毛叶苕子绿肥“一管三”（毛叶苕子绿肥播种一年，多年利用）模式，可以降低劳动成本，增加土壤肥力，减少化肥用量。

# 参考文献

白凤荣，黄治江，郭喜莲 . 1994. 狼牙刺［J］. 中国水土保持（4）：30-31.

蔡大同，苑泽圣，杨桂芬，等 . 1994. 氮肥不同时期施用对优质小麦产量和加工品质的影响［J］. 土壤肥料（2）：19-21.

曹卫东，黄鸿翔 . 2009. 关于我国恢复和发展绿肥若干问题的思考［J］. 中国土壤与肥料（4）：1-3.

曹文 . 2000. 绿肥生产与可持续农业发展［J］. 中国人口·资源与环境（10）：106-107.

曹志洪 . 2003. 施肥与水体环境质量：论施肥对环境的影响（2）［J］. 土壤，35（5）：353-363.

董印丽 . 2001. 河北省农田土壤化肥污染及其防治对策［J］. 南京农专学报，17（3）：47-49

窦菲，刘忠宽，秦文利，等 . 2009. 绿肥在现代农业中的作用分析［J］. 河北农业科学，13（8）：37-38，51.

杜相革，董民，曲再红，等 . 2004. 有机农业和土壤生物多样性［J］. 中国农学通报，20（4）：80-81.

樊虎玲，郝明德，李志西 . 2007. 黄土高原旱地小麦—苜蓿轮作对小麦品质和子粒氨基酸含量的影响［J］. 植物营养与肥料学报，13（2）：262-266.

方珊清，孙时银，汪雪薇 . 2004. 发展绿肥生产是生态农业建设的有效措施［J］. 安徽农学通报，2（10）：68.
方珊清，孙时银，汪雪薇 . 2004. 发展绿肥生产是生态农业建设的有效措施［J］. 安徽农学通报，10（2）：68.
冯琛，高红兵，张权峰 . 2006. 陕西省有机肥料资源及利用现状研究［J］. 陕西农业科学（2）：70–71
冯琛，张亚建 . 2008. 陕西有机肥产业［A］//麻进仓 . 陕西肥料产业. 西安：陕西人民出版社.
冯琛 . 2005. 陕西省有机肥料资源及利用现状研究［D］. 杨凌：西北农林科技大学.
高玲，刘国道 . 2007. 绿肥对土壤的改良作用研究进展［J］. 北京农业（36）：29–32.
谷红霞，林慧彬，林建群，等 . 2009. 黄岑种植基地土壤状况与黄芩产量、质量关系的探讨［J］. 现代中药研究与实践，23（5）：15–17.
关松荫 . 1987. 土壤酶及其研究法［M］. 北京：农业出版社.
侯迷红，王春枝，王婵，等 . 2005. 不同氮素水平下生菜累积硝酸盐能力的品种差异分析［J］. 中国农学通报，21（5）：396–399.
黄东迈 . 1994. 有机肥养分循环与利用研究回顾［J］. 土壤通报，25（7）：2–31.
黄国勤，王兴祥，钱海燕，等 . 2004. 施用化肥对农业生态环境的负面影响及对策［J］. 生态环境，13（4）：656–660.
惠竹梅，张振华，李华 . 葡萄园生草制的研究进展［J］. 陕西农业科学，2003（1）：22–25.
吉家乐 . 2008. 绿肥压青对芒果产量和品质的影响［J］. 安徽农业科学，36（24）：10 362–10 373.
贾举杰，李金花，王刚 . 2007. 添加豆科植物对弃耕地土壤养分和微生物量的影响［J］. 兰州大学学报（43）：33-37.

焦彬，顾荣申，张学上 . 1986. 中国绿肥［J］. 北京：农业出版社.

焦彬 . 1986. 绿肥的发展方向及今后的展望［J］. 中国农学通报（5）：29-30.

焦彬 . 1987. 关于发展我国农区草业的几个问题［J］. 土壤肥料（5）：39-41.

李东坡，武志杰，梁成华 . 2008. 土壤环境污染与农产品质量［J］. 水上保持通报，28（4）：172-177.

李发林，刘长全，傅金辉，等 . 2002. 土壤管理模式对幼龄果园根际土壤养分和酶活性影响初探［J］. 福建农业学报，17（2）：112-115.

李会科，赵政阳，张广军 . 种植不同牧草对渭北苹果园肥力的影响［J］. 西北林学院学报，2004，19（2）：31-34.

李军，王立祥 . 1994. 渭北旱塬夏闲地开发利用研究［J］. 西北农业大学学报，22（2）：99-102

李银平 . 2009. 绿肥压青对连作棉田土壤肥力及棉花产量的影响［D］. 乌鲁木齐：新疆农业大学.

李玉国，陈风琴，史秀娟 . 2010. 土壤环境污染研究［J］. 中国人口 . 资源与环境，20（5）：197-200.

林多胡，顾荣申 . 2000. 中国紫云英［M］. 福州：福建科学技术出版社.

刘更另，金维续 . 1991. 中国有机肥料［M］. 北京：中国农业出版社.

刘国顺，罗贞宝，王岩，等 . 2006. 绿肥翻压对烟田土壤理化性状及土壤微生物量的影响［J］. 水土保持学报，32（1）：95-98.

刘国顺，罗贞宝，王岩，等 . 2006. 绿肥翻压对烟田土壤理化性状及土壤微生物量的影响［J］. 水土保持学报，20（1）：95-98.

刘宏斌，李志宏，张维理，等 . 2004. 露地栽培条件下大白菜氮肥利用率与硝态氮淋溶损失研究［J］. 植物营养与肥料学报，10（3）：286-291.

刘均霞，陆引罡，远红伟，等 . 2007. 小麦绿肥间作对资源的高效利用［J］. 安徽农业科学，35（10）：2884-2885.

刘杏兰，高宗，刘存寿，等 . 1996. 有机—无机肥配施的增产效应对土壤肥力影响的定位研究［J］. 土壤学报（2）：138-147.

刘忠宽，智健飞，秦文利，等 . 2009. 河北省绿肥作物种植利用现状研究［J］. 河北农业科学，13（2）：12-14.

龙健，黄昌勇，滕应，等 . 2003. 矿区重金属污染对土壤环境质量微生物学指标的影响［J］. 农业环境科学学报，22（1）：60-63.

栾书荣，汪晓丽，洪岚，等 . 2005. 土壤中掺入不同植物材料对其 pH 的影响［J］. 扬州大学学报（农业与生命科学版），26（3）：62-65.

罗贞宝 . 2006. 绿肥对烟田土壤的改良作用及对烟叶品质的影响［D］. 郑州：河南农业大学.

钱晓刚 . 1999. 绿肥的种植与利用［M］. 贵阳：贵州科技出版社.

孙聪姝，王宏燕，王兆荣，等 . 1998. 长期培肥定位试验耗竭阶段各培肥物质对土壤有机质持续效应的研究［J］. 东北农业大学学报，29（1）：1-13.

孙瑞莲，朱鲁生，赵秉强，等 . 2004. 长期施肥对土壤微生物的影响及其在养分调控中的作用［J］. 应用生态学报，15（10）：1907-1910.

唐华俊 . 2008. 我国循环农业发展模式与战略对策［J］. 中国农业科技导报，10（1）：6-11.

唐政，李虎，邱建军，等 . 2010. 有机种植条件下水肥管理对番茄品质和土壤硝态氮累积的影响［J］. 植物营养与肥料学报，16（2）：

413-418.

汪涛，朱波，况福虹，等 . 2010. 有机无机肥配施对紫色土坡耕地氮素淋失的影响 [J]. 环境科学学报，30（4）：781-788.

王波，邓艳萍，肖新，等 . 2009. 不同节水稻作模式对土壤理化特性和土壤酶活性影响研究 [J]. 水土保持学报，23（5）：219-222.

王朝辉，李生秀 . 1996. 蔬菜不同器官的硝态氮含量与水分、全氮、全磷含量的关系 [J]. 植物营养与肥料学报，2（2）144-152.

王艮梅，周立祥，黄焕忠 . 2006. 水溶性有机物在土壤中的吸附及对 Cu 沉淀的抑制作用 [J]. 环境科学，4（27）：4.

王建红，曹凯，傅尚文 . 2009. 几种茶园绿肥的产量及对土壤水分、温度的影响 [J]. 浙江农业科学（1）：100-103.

王居里，余一江 . 1997. 紫云英对水稻土理化性状的影响 [J]. 安徽农学通报，3（4）：54-55.

王秀芝 . 2005. 绿肥对土壤的培肥改土作用和合理利用技术 [J]. 安徽农学通报（6）：92.

王玉岭 . 2009. 高蛋白大豆新品种石豆 3 号的选育及栽培技术要点 [J]. 河北农业科学，13（8）：50-51.

吴晓芙，胡曰利 . 2002. 土壤微生物生物量作为土壤质量生物指标的研究 [J]. 中南林学院学报，22（3）：51-53.

谢林花，吕家珑，张一平 . 2004. 长期不同施肥对石灰性土壤微生物磷及磷酸酶的影响 [J]. 生态学杂志，23（4）：65-68.

薛立，陈红跃，邝立刚 . 2003. 湿地松混交林地土壤养分、微生物和酶活性的研究 [J]. 应用生态学报，14（1）：157-159.

杨春燕，赵双进，张孟臣 . 2005. 高蛋白大豆新品种冀豆 15 号的选育 [J]. 河北农业大学学报，9（2）：60-62.

杨冬艳，郭文忠．2009. 绿肥种植及翻压对日光温室土壤环境的影响［J］. 北方园艺（10）：146–148.

杨瑞吉，杨祁峰，牛俊义．2004. 表征土壤肥力主要指标的研究进展［J］. 甘肃农业大学学报，39（1）：88.

张伯泉，孙效文，关连珠．1987. 施肥对土壤有机质和几种主要肥力性质的影响［J］. 土壤通报，18（4）：156–160.

张超兰，徐建民．2004. 外源营养物质对表征土壤质量的生物学指标的影响［J］. 广西农业生物科学，23（1）：81.

张强，戴其根，许轲，等．2004. 氮肥对小麦籽粒品质影响的研究进展［J］. 安徽农业科学，32（1）：139–140.

张穗生，叶家颖．2002. 冬种绿肥对新会橙果园土壤蛋白酶活性的影响［J］. 广西园艺（2）：8–9.

张星杰，刘景辉，李立军，等．2009. 保护性耕作方式下土壤养分微生物及酶活性研究［J］. 土壤通报，40（3）：542–545.

赵春霞，李兴林，刘晓杰，等．2013. 大豆新品种廊豆六号的选育［J］. 河北农业大学，17（4）：62–64.

赵娜．2010. 夏闲期种植豆科绿肥对旱地土壤性质和冬小麦生长的影响及其机制［D］. 杨凌：西北农林科技大学.

周景福．2002. 浅谈绿肥在土壤农业中作用［J］. 北方园艺（6）：17.

周开芳，何炎．2003. 豆科冬绿肥翻压对土壤肥力和杂交玉米产量及品质的影响［J］. 贵州农业科学，31（增刊）：42–44.

周晓芬，张彦才，步丰骥．1997. 河北省主要农业土壤有机肥料对土壤钾素的贡献［J］. 河北农业科学，2（6）：21–23.

朱莱红，董彩霞，沈其荣，等．2010. 配施有机肥提高化肥氮利用效率的微生物作用机制研究［J］. 植物营养与肥料学报，16（2）：282–288.